もくじ

1. 労働災害と化学物質規制‥‥‥‥‥‥‥‥‥‥‥‥‥‥‥‥‥3
2. 安衛則改正の概要
   (実施体制、リスクアセスメント対象物、濃度基準値、皮膚からのばく露など)‥‥‥8
3. CREATE-SIMPLEを使ってみよう‥‥‥‥‥‥‥‥‥‥22
4. 法令遵守のためのチェックリスト‥‥‥‥‥‥‥‥‥29

1　労働災害と化学物質規制

1 化学物質管理についての規制見直しの流れ

　令和3年7月に、国は化学物質規制についての新たな考えを提言としてまとめました。「職場における化学物質等の管理のあり方に関する検討会」報告書です。そこには、一般に使われている数多くの化学物質を広く対象として規制すること、化学物質管理の具体的な方法まで細かく定めずに、一定の目標に対して事業場がそれぞれの状況に即して適切な方法で対策する自律的な管理を行うことなどが示されています。ごく当たり前のようですが、これまでの規制はそのようになっていなかったのです。

　令和4年5月に改正された安衛則では、新たな化学物質規制が法令として示されました。その後、具体的な技術基準が数多く出されながら、令和6年4月に法令が本格施行されています。

化学物質管理　規制見直しの流れ

令和3年7月	化学物質規制についての新たな提言	
令和4年5月	労働安全衛生規則等の改正	
12月	**がん原性物質**告示（厚生労働省告示第371号）	
令和5年4月	改正安衛則の一部施行 （記録作成、容器保管時の強化など） **濃度基準値**告示（厚生労働省告示第177号） 化学物質による健康障害防止のための 濃度の基準の適用等に関する**技術上の指針**（公示）	
7月	皮膚等障害化学物質等（通達）	
10月	リスクアセスメント対象物健康診断に関する ガイドライン（通達）	
令和6年4月	改正安衛則の本格施行 （化学物質管理者選任、濃度基準値適用）	

改正の背景に、化学物質による重篤な疾病へのり患

平成24年　印刷会社で発生した胆管がん（大阪⇒全国）
　　　　　インキの洗浄剤に含まれていた1,2-ジクロロプロパンが、
　　　　　発がん物質と後日判明
平成27年　染料原料を製造する作業で膀胱がん（福井）
　　　　　発がん性の芳香族アミンが皮膚から
　　　　　体内に取り込まれた可能性大

➡ 物質を限定的に示して個別に規制する方式に限界
➡ 管理方法まで限定せず各自考えて決めるべき
➡ 事業場内に化学物質を担当する人材が不可欠

労働安全衛生関係法令における化学物質管理の体系

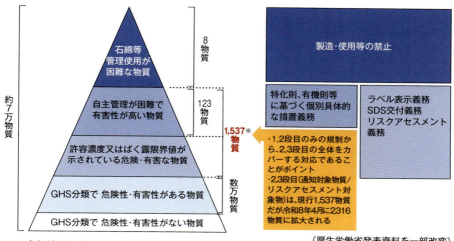

（厚生労働省発表資料を一部改変）

※令和7年3月までは896物質

情報伝達すべき対象物質が増加する

危険・有害性情報が全ての出発点

ラベル・SDS通知、リスクアセスメント対象物が大幅に増加しています

令和6年度	令和7年度	令和8年度
896物質	**1,537**物質	**2,316**物質

ラベル表示、SDS等による通知とリスクアセスメント実施の義務の対象となる物質（リスクアセスメント対象物）に、**国によるGHS分類で危険性・有害性が確認された全ての物質を順次追加**します。

令和7年4月1日施行
トリフェニルアミンを削除
642物質を追加

令和8年4月1日施行
779物質を追加

誰しも、物質の種類や、使用量、作業時間や作業方法に応じて、危なさの程度を見積もりますね。これを体系化したのが、リスクアセスメントです。

化学物質に関連する災害の状況

- **化学物質の災害は、業種によらない**
  - 化学工業のほか、金属製品や食料品の製造業で多い
  - 建築工事でも多く発生している
  - サービス産業では、化学物質による火災が多い
- **災害の種類に応じた応急処置を**
  - 皮膚についた場合 / 眼に入った場合
  - 吸い込んだ場合
  - 心肺停止　など
- **緊急時に役立つ教育・訓練**
  - 職長が知っておくべき事項
  - 緊急時には、居合わせた人がSDSを用意したり、AEDで心肺蘇生をすることもある

2 化学物質のリスクアセスメントの状況

　化学物質を原因とする休業4日以上の労働災害は、年間450件程度発生する中、平成29年の国の調査によれば、化学物質のリスクアセスメントを行っているとの回答は、50％程度にとどまっていました。

○リスクアセスメントの実施率は50％強。
○実施しない理由は「人材がいない」、「方法が分からない」などが多い。

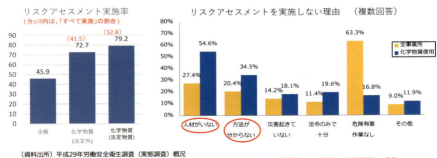

有害作業に係る化学物質の管理状況（厚生労働省調）

3 化学物質管理者と労働災害

　化学物質による労働災害が発生した場合の対応に関することは、化学物質管理者の職務です。

　化学物質による労働災害5年分1,960件を業種別にみると、あらゆる業種で発生する可能性があることがわかります。

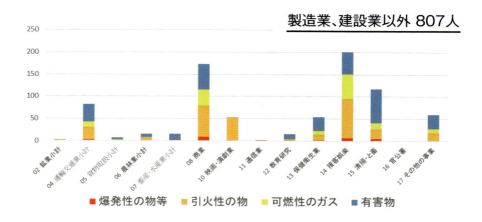

化学物質を原因とする休日4日以上労働災害件数（2018-2022年合計）

> 化学物質による火災や中毒が起こった場合、応急措置をする準備はできていますか。誰が対応しますか。

2 安衛則改正の概要

事業者や管理者は、化学物質規制の見直しを柱とする令和4年5月の安衛則改正の概要を理解しましょう。事業場が直ちに対応すべき事項は何でしょうか。

原則が変わる！

- **自律的な管理では、国から示された基準に従うだけではダメなの？**
  - ・換気装置の設置義務や基準は示されない
  - ・健康診断の要否も自分で決める
  - ・義務付けがなくても保護手袋をする
- **国が示したゴールに向けて、道筋をそれぞれ自分たちで決めよう**
  - ・濃度基準値以下とすること
  - ・皮膚への直接接触をしないこと

取り組むべきポイント

（1）化学物質管理者、保護具着用管理責任者などの選任
事業場内で化学物質管理や保護具の正しい取扱いを管理する人材を選任します。

（2）法定の対象物を念頭に置いたリスクアセスメント
リスクアセスメント対象物は、令和7年4月に1,537物質、令和8年4月に2,316物質になります。化学物質の提供と同時にSDSが交付されるので、リスクアセスメントをして、記録します。

（3）必要な措置の検討と実施
法令には、換気装置の要件や健康診断項目などは示されておらず、リスクに応じて自ら決める必要があります。

（4）国が示す技術基準の整備状況を把握
濃度基準値が定められた物質、不浸透性の保護手袋を使用すべき物質など、遵守すべき技術基準が示され、順次整備されています。

1 化学物質管理者などの選任

実施体制その1　化学物質管理者
リスクアセスメント対象物を製造し、または取り扱う事業場に対し、選任を義務付け

化学物質管理者の選任（令和6年4月〜）
- □ 製造事業場：
    - ・12時間の研修修了者
- □ 取扱事業場：
    - ・通達で示す6時間の研修修了者から
    - ・リスクアセスメント対象物の業務を適切に実施できる者から

事業場ごと

安衛法第57条の3
危険性または有害性等の調査

安衛法第20条	安衛法第22条
（爆発・火災）	（健康障害）

化学物質管理者の職務（主なもの）
- □ リスクアセスメントの実施等
- □ ばく露防止措置の選択、実施
- □ 記録の作成・保存、労働者への周知、教育
- □ 労働災害発生時の対応

「化学物質管理者を未選任だと…」

● リスクアセスメント対象物の製造／取扱い事業場においては、法令違反
　⇒リスクアセスメントの実施責任者を決めていないことになる
　　建築工事業者や、ビルメンテナンス業、保健衛生業も注意
　　受託事業者の分を肩代わりできない

「選任したら…」

● 化学物質管理者の氏名を掲示
● 必要な権限を付与

化学物質管理者の選任義務は、事業場の業種や規模に関わらず対象となります。

実施体制その2　保護具着用管理責任者

保護具によるばく露防止措置を行う事業場で、化学物質管理者とともに選任を義務付け

保護具着用管理責任者の選任（令和6年4月～）　事業場ごと
- ☐ 通達で示す6時間の教育修了者から
- ☐ 有機溶剤作業主任者などからも可

保護具着用管理責任者の職務（主なもの）
- ☐ 保護具の適正な選択に関すること
- ☐ 労働者の保護具の適正な使用に関すること
- ☐ 保護具の保守管理に関すること

※ 保護具が関係する労働災害も担当

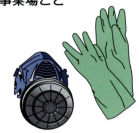

保護具着用管理責任者を未選任だと…

● 保護具に頼るばく露防止措置を行う事業場においては、法令違反
　⇒防じんマスク、防毒マスクに加え、保護手袋、保護衣、保護眼鏡も対象

選任したら…

● 保護具着用管理責任者の氏名を掲示
● 必要な権限を付与

※ 保護具に関連する労働災害は多い
　保護具の不使用／保護具の選択誤り／保護具の使用誤り

保護具着用管理責任者は、防じんマスク、防毒マスクだけでなく、保護手袋や保護眼鏡の管理も担当します。

2 対象となる化学物質を確認しておこう

※物質数は、令和7年4月現在のもの

リスクアセスメント対象物(1,537*)
リスクアセスメントを行い、記録する義務
購入時には、必ずラベル表示がされ、SDSが交付されます。

＊令和7年3月までは896物質

SDS対象 2025.4.1

①濃度基準値設定物質(67) 屋内限定
労働者のばく露の上限値：超えると法令違反
濃度基準値以下であることを自ら確認して記録

※令和7年10月1日から179物質

濃度基準値 2024.4.1

②皮膚への直接接触の防止義務(1,125)
※その他の物質にも努力義務あり
・保護手袋を使用：素手で触らせない
・保護眼鏡を使用：液滴が眼に入るとき
・保護衣を使用　：液滴や蒸気が身体に触れるとき

(1)皮膚刺激性有害物質(酸、アルカリ、感作性物質)
と(2)皮膚吸収性有害物質とがある。
(1)はSDSでも区別できる。

皮膚等障害 2025.1.24

③がん原性物質(198)
特化則の特別管理物質(44)とほぼ同様の管理
時間を経て職業がんの原因となる可能性
作業の記録などを30年保存する義務
他の物質への変更ができないかを考える

がん原性 2023-2024

①～③までは対象物質ごとに、措置義務が明確な法令遵守ポイント。職長や化学物質管理者は対象かどうかを常にチェックしないといけません。

3 ラベルとSDS

① ラベル

化学品の容器に貼られたラベルをチェックします。内容は以下のとおり。

1 化学品の名称
2 人体に及ぼす作用
3 貯蔵又は取扱い上の注意
4 安衛則に定める事項
・表示者の氏名、住所及び電話番号
・注意喚起語
・安定性及び反応性
5 GHS標章(絵表示)

② SDS

SDSは、JIS Z 7253準拠の16項目が使われています。

現場で特に役立つ記載事項

	JISの記載事項	補足説明
2	危険有害性の要約	GHS区分を一括まとめ 区分が小さいほど危ない
3	組成及び成分情報	成分や含有量がわかる CAS番号の確認はここで
8	ばく露防止及び保護措置	濃度基準値(強制)と学会基準(任意) 保護具のことも触れている
9	物理的及び化学的性質	固体/液体の別や沸点がわかる 引火点や爆発限界がわかる
15	適用法令	安衛法や化管法などの適用

危険有害性の要約 「区分」

4 リスクアセスメントの実務

① 爆発火災の防止

　危険性のリスクアセスメントにおいては、化学物質の危険性（引火性など）と、危険な（爆発・火災の条件がそろう）状況が発生する可能性とを勘案して、対策の優先順位を決めます。

　常温でも引火する化学物質（引火性区分１/区分２）については、特に静電気や火花などの着火源を厳重管理しましょう。難燃性の溶剤を引火性の石油類に変えたときは、危険な状況の可能性を再精査してリスクアセスメントを行いましょう。

化学物質の危険性
SDSから読み取る

着火源、濃度、帯電防止、防爆など

リスクレベルⅣ→Ⅱ
常温でも引火するため危険です。
・着衣や靴、床の静電気を防いでください。
・電気スイッチや配線の火花にも注意。
・窓を開けて換気しましょう。

使用量を増やすと危険が増すことがあるんですか？

そうですね。
使い慣れているパーツクリーナーなども、広い面積で使うと引火しやすいよ。
スプレー缶を多数ガス抜き処理したら、大爆発した事例もあります。
リスクアセスメントツールで判定されるリスクも、使用量や塗布面積によります。

② 健康障害の防止

　健康障害防止のためのリスクアセスメントでは、ばく露レベルの把握が重要です。ばく露レベルは数値化されるので、ばく露限界値（濃度基準値や学会基準）などと比較すると、許容範囲かどうかがわかります。皮膚への吸収についても同様です。

　化学物質の有害性　　使用量、濃度、時間、保護具など
　　　　　　　　　　SDSから読み取る　　　　　　　事業場ごとに異なる

リスクレベルⅣ→Ⅱ
・吸い込むと有害です。防毒マスクを着用しましょう。
・皮膚に付くと炎症を起こします。不浸透性の保護手袋を。
・眼に入ると失明のおそれ。作業中は常に保護眼鏡を。

リスクアセスメントの方法はさまざま。事業者が決定できます。

● **CREATE-SIMPLE（クリエイト・シンプル）：簡易支援ツールの利用**
　エクセル上の計算で、ばく露濃度を推定
　・国が提供するエクセル／マクロプログラム
　・多数の物質について行うスクリーニングに最適

● **パッシブサンプラー（溶剤のみ）：個人ばく露測定**
　作業者にバッジを付けて測り、外部に分析を依頼する
　実際のばく露データが得られる（測定に資格は不要）

● **作業環境測定士に依頼：作業環境測定**
　正確な測定と分析に基づく報告書が得られる
　測定料金と手間がかかる

5 化学物質の吸入を減らそう！

① ばく露低減措置（1,537物質）*
＊令和7年3月までは896物質

　リスクアセスメント対象物については、労働者のばく露の程度を最小限度にする義務があります（安衛則第577条の2第1項）。

【労働者のばく露の程度を最小限度にする方法】
1. 代替物の使用
2. 発散源を密閉する設備
3. 局所排気装置または全体換気装置の設置および稼働
4. 作業の方法の改善
5. 有効な呼吸用保護具を使用させる　　等

※1.～4.を優先的に検討する。

---

② 濃度基準値以下の遵守（67物質） 屋内のみ

　濃度基準値設定物質については、労働者のばく露の程度を濃度基準値以下にする義務があります（安衛則第577条の2第2項）。

【事業者が確認して記録すること】
・CREATE-SIMPLEなどでばく露の程度が十分に低いことを確認
　　→　実施レポートを出力して保存しよう
・個人ばく露測定を実施してばく露の程度を確認
　　→　個人ばく露測定結果報告書を確認して保存しよう

※そのままで超過してしまう場合は、①に示す方法でばく露の程度を下げる。呼吸用保護具の使用も可。

吸い込まないようにする方法は、いろいろあります。濃度基準値以下に低減することを、必ず遵守します（11ページ）。

6 2種類の濃度基準値とは何か？

濃度基準値には①8時間濃度基準値と②短時間濃度基準値の2種類があります。①、②のいずれかが設定されたものについては、それを超えないこと、①、②ともに設定されたものについては、それぞれを超えないことが必要です。

濃度基準値が設定された物質の例

物質名	8時間濃度基準値	短時間濃度基準値
アクリル酸エチル	2ppm	―
アセトアルデヒド	―	10ppm
エチレングリコール	10ppm	50ppm
酢酸ビニル	10ppm	15ppm
グルタルアルデヒド	―	0.03ppm(*1)

(*1) 天井値として取り扱う基準値

○濃度基準値については、順次追加されています。
令和6年4月1日から　67物質
令和7年10月1日から　179物質

濃度基準値の種類と位置付け

	濃度基準値の種類 （ものさし）	化学物質の濃度 （対象の値）	補足説明
①	8時間濃度基準値	8時間時間加重平均値	1日平均が超えないようにする。
②	短時間濃度基準値	15分間時間加重平均値	ばく露濃度が変動しても超えないようにする（15分間きざみ）。

濃度基準値以下をどのように確認するか

濃度基準値以下であることの確認には、①CREATE-SIMPLE 等の結果を用いて推定ばく露濃度と濃度基準値を比較する方法と、②個人ばく露測定の測定値と濃度基準値を比較する方法があります。

① CREATE-SIMPLEの結果を用いて、推定ばく露濃度と濃度基準値を比較する方法

② 個人ばく露測定の測定値と濃度基準値を比較する方法

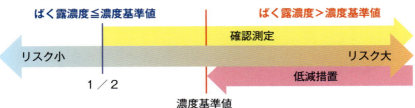

作業者の呼吸域にサンプラーを装着

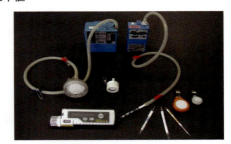

各種捕集剤、ろ紙、ポンプ等

7 皮膚への直接接触を防止しよう

　化学物質を取り扱う際に、皮膚に直接触れないことが大切です。酸、アルカリなどによる皮膚障害、眼の障害は数多く発生しています。また、皮膚からも化学物質が体内に入り込みます（経皮ばく露）。

皮膚等障害防止用の保護具

かぶれないのに、保護手袋はなぜ必要なのでしょうか。

＜液体の場合＞　　　これを阻止しないと手遅れに※

1) 作業で手指に付着すると、皮膚から体内に入り込む
2) 体内を有害物質が循環し、さまざまな臓器に到達する
3) 有害物質やその変化体が、特定の臓器を損傷する
4) 臓器の損傷が、身体の痛みや症状としてあらわれる

ひとたび体内に入ると、吸い込んだ場合と同じ

※手指を使わずに済む作業方法に変えることができればなおよい

化学物質のばく露のしくみ

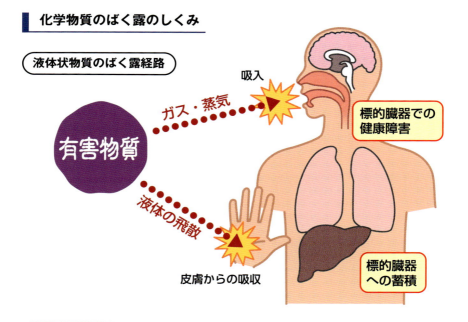

特に、揮発性が低い物質や触れても痛みを感じない染料・顔料に注意しましょう。知らずに長期間触れ続けて職業がんになった事例もあります。

保護手袋の使用義務が、法令で明記されました。

① 基本的考え方
「皮膚等障害化学物質等」を取り扱う際は、不浸透性の保護手袋の使用（安衛則第594条の2）を徹底させる

皮膚等障害 2025.1.24

② 皮膚等障害化学物質等
通達で対象が明確になっている
（重複を除き1,125種類）。

(① 皮膚刺激性有害物質931種類
　　酸、アルカリ、感作性物質など
　② 皮膚吸収性有害物質320種類
　　皮膚に触れても感じないことがあるが、体内に吸収され有害な作用)

○ JISに適合する化学防護手袋の性能
- ■ 耐劣化性：化学物質によって手袋素材が溶解または変質しないか
- ■ 耐浸透性：液状の化学物質が手袋素材に浸透しないか
- ■ 耐透過性：分子レベルの物質が手袋素材をすり抜けないか

出典：『リスクアセスメント対象物取扱い事業場のための化学物質の自律的な管理の基本とリスクアセスメント』（中央労働災害防止協会）

「不浸透性」＝「浸透しない」＋「透過しない」（安衛則第594条の2関係）

保護手袋の素材を正しく選ぼう

保護手袋の素材Ⅰ（こまめに交換する廉価品）

素材	特徴
ニトリル	・安価で頻繁な交換に向いている ・密着性がよい ・耐油性、耐摩耗性に優れる ・医療用の薄手のものは、透過時間に留意
クロロプレン （ネオプレン）	・強度と柔軟性に優れる ・平均的な耐熱性、耐油性、耐酸・耐アルカリ性を有する
ニトリル・ ネオプレン	・ニトリルとクロロプレンを二層にしたもの ・密着性がよい ・ASTM F739規格対応品は、透過時間を確認できる
ポリウレタン	・耐摩耗性、柔軟性に優れる ・耐油性は限定的 ・透過性能は、物質により大きく異なる
天然ゴム （ラテックス）	・安価で機械的強度に優れる ・耐劣化性に注意（石油系溶剤など） ・ラテックスアレルギー（感作性）に注意 ・食器洗い用などは化学品に不適
PVC （ポリ塩化ビニル） PE （ポリエチレン）	・強度が弱い ・耐劣化性、耐浸透性、耐透過性に注意 ・食品衛生用などは化学品に不適

宵越しの化学防護手袋の使用はやめよう

保護手袋の素材Ⅱ（防護性能重視：終日使えることも）

素材	特徴
PVA（ポリビニルアルコール）	・有機溶剤に幅広く使える ・酸、アルカリに不適 ・水やアルコールとの接触不可
ブチルゴム	・ケトン、エステルにも使える ・厚手で強度がある ・細かい作業には向かない
フッ素ゴム	・塩素化炭化水素、芳香族溶剤にも使える ・密着性が低い ・特に高価格
多層フィルム LLDPE	・積層にして耐透過性能を上げたもの ・酸、塩素化炭化水素に優れた耐透過性を示す ・フィルム状で装着感が悪い（上にニトリル手袋を装着）
多層フィルム EVOH	・積層にして耐透過性能を上げたもの ・芳香族アミンに対し優れた耐透過性を示す ・フィルム状で装着感が悪い（上にニトリル手袋を装着）

化学防護手袋を本格的に調べるには

**厚生労働省が委託事業で作成した
マニュアルを参考**

「皮膚障害等防止用保護具の選定マニュアル」

（みずほリサーチ＆テクノロジーズ株式会社作成）

1,125種類の皮膚等障害化学物質等については、浸透も透過もしない（不浸透性の）保護手袋を使用して法令遵守します。マニュアルに示す技術事項についても取り組みましょう。

3 CREATE-SIMPLE を使ってみよう

ダウンロードは「職場のあんぜんサイト」(厚生労働省)から

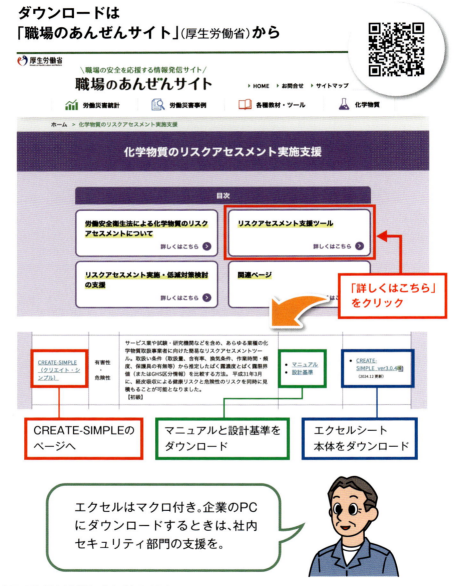

参照・厚生労働省「職場のあんぜんサイト」CREATE- SIMPLEマニュアル
(https:// anzeninfo.mhlw.go.jp/user/anzen/kag/pdf/CREATE- SIMPLE_manual_v3.0.4.pdf)
・『厚生労働省の支援ツールを活用！ すぐできる化学物質のリスクアセスメントCREATE- SIMPLE ver. 3 編』
　中央労働災害防止協会 2024年

1 CREATE-SIMPLE の使い方

STEP 1　対象製品の基本情報を入力する

　CREATE-SIMPLE のファイルを開き、2 番目のタブをクリックしてリスクアセスメントシートを表示します。各項目に入力、プルダウンメニューから選択していきます。

STEP 2　成分に関する情報の入力

SDSを用いて、ばく露限界値およびGHS分類情報等の入力（確認）を行います。

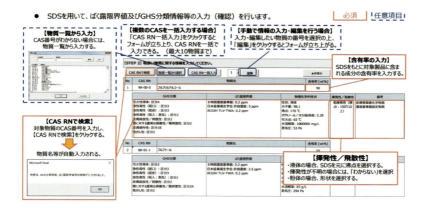

23

STEP 3　物質情報、作業条件等の入力

Q1～Q15までの質問に答えます。内容は作業条件等、作業時間、頻度、経皮ばく露や手袋の使用状況、危険源への対策の状況などについてです。プルダウンメニューから選択して入力します。

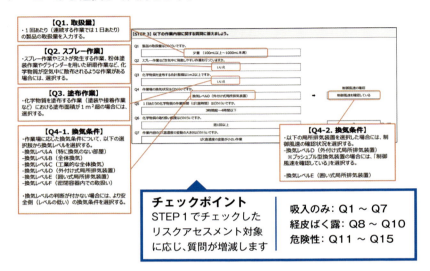

チェックポイント
STEP1でチェックしたリスクアセスメント対象に応じ、質問が増減します

吸入のみ：Q1～Q7
経皮ばく露：Q8～Q10
危険性：Q11～Q15

STEP 4　リスクの判定

STEP1～STEP3までの項目を入力後、「リスクを判定」をクリックすると、判定結果が表示されます。判定結果を確認したら、「実施レポートに出力」をクリックしましょう。エクセルシートが切り替わり、「リスクアセスメント実施レポート」が表示されます。

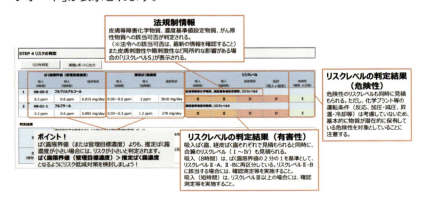

STEP 5　リスク低減措置の内容検討支援

　判定されたリスクレベルが高い場合は、実施レポートの「リスク低減対策の検討」の欄で、より強い対策を行える項目について、選択肢を変更し、「再度リスクを判定」をクリックすると、リスク低減対策後の結果が表示されます。

　CREATE-SIMPLEにおけるリスクアセスメント結果を踏まえて、詳細なリスクアセスメントの実施を検討し、実施した場合にはその結果概要を記載することが可能です。また事業所で導入するリスク低減対策の内容や実施時期等について記載しましょう。

　評価結果は、PDFで保存することが可能です。

　操作方法の詳細は、ダウンロードしたマニュアルまたは『すぐできる化学物質のリスクアセスメント CREATE-SIMPLE ver.3 編』（中央労働災害防止協会）を参照。

2 リスクの判定

リスクレベルは、次のように判定されます。

吸入のリスク

● 長時間の評価（8時間ばく露）

リスクレベル	定義
Ⅳ （大きなリスク）	推定ばく露濃度範囲の上限 ＞ OEL×10
Ⅲ （中程度のリスク）	OEL×10≧推定ばく露濃度範囲の上限 ＞ OEL
Ⅱ-B （懸念されるリスク）	OEL≧推定ばく露濃度範囲の上限 ＞ OEL×1/2
Ⅱ-A （小さなリスク）	OEL×1/2 ≧ 推定ばく露濃度範囲の上限 ＞ OEL×1/10
Ⅰ （些細なリスク）	推定ばく露濃度範囲の上限 ≦ OEL×1/10

＊OEL：8時間ばく露限界値など

● 短時間の評価（変動するばく露）

リスクレベル	定義
Ⅳ （大きなリスク）	推定ばく露濃度範囲の上限 ＞ OEL×10
Ⅲ （中程度のリスク）	OEL×10≧推定ばく露濃度範囲の上限 ＞ OEL
Ⅱ （小さなリスク）	OEL≧推定ばく露濃度範囲の上限 ＞ OEL×1/10
Ⅰ （些細なリスク）	推定ばく露濃度範囲の上限 ≦ OEL×1/10

＊OEL：短時間ばく露限界値など

CREATE-SIMPLEの設計基準をもとに改変

濃度基準値に対する判定の場合においては、防毒マスクなどによる防護効果を含めずに、リスクレベルをⅠまたはⅡ-A（短時間の評価にあってはⅠまたはⅡ）とする必要があります。

3 CREATE-SIMPLE を試してみよう

次の演習教材をもとにCREATE-SIMPLE を試してみましょう。

演習教材1

シンナーによる部品洗浄の例

作業室の一角、洗浄用シンナー(トルエン80%、炭化水素20%)を使用
作業内容:洗浄用シンナーを機械部品にかけて、ウエスで油汚れを払拭。
時折エアーの吹付けもする。
使用量:シンナー 50ml×30個=1.5L(トルエン:CAS 108-88-3)
塗布面積:0.05㎡×30個=1.5㎡
換気状況:工場壁上方での全体換気 室温30℃
作業時間:120分未満の連続作業
作業頻度:1週間のうち3回程度
保護手袋:なし 教育もせず

* 第二種有機溶剤等に該当するため有機溶剤中毒予防規則に基づく措置が必要

演習教材2

パーツクリーナーを使ってみる

作業室の一角、スプレー缶のパーツクリーナーを使用
作業内容:床に置かれたステンレス製容器
(1.8m四方、高さ1.2m)の外側下部の汚れを、
パーツクリーナーで清掃する。
パーツクリーナーを吹き付け、ウエスを用いて
油汚れを払拭する。

【成分情報】		
SDSの「3. 組成、成分情報」		
シクロヘキサン	50%	110-82-7
イソヘキサン	20%	107-83-5
エタノール	15%	64-17-5
プロパン	15%	74-98-6

使用量:パーツクリーナー 200ml×4個=0.8L
塗布面積:0.25㎡×4個=1.0㎡
換気状況:工場壁上方での全体換気 室温30℃
作業時間:120分未満の連続作業
作業頻度:1か月のうち3回程度
保護手袋:ブチルゴム製の化学防護手袋(耐透過性、
 耐浸透性) 基本的な教育訓練を実施

4 リスクが高い結果になったときは

化学物質のリスクアセスメントを行い、リスクが高い結果になったときは、結果に応じた措置を講じます。

リスク見積りとしての個人ばく露測定

健康障害リスク　[有害性の程度] [ばく露の程度]

ばく露の程度の見積りには、さまざまな方法がある

- CREATE-SIMPLEでうまくいかないときは、実測することもできる
  作業環境測定士による測定は、『化学物質管理者選任時テキスト』(中央労働災害防止協会)参照
- 揮発性溶剤については自社で簡便に測定する方法もある

⬇

測定後、分析機関に依頼

3Mガスモニター 3500+
（中災防購入品）

襟元への装着例

確認測定としての個人ばく露測定

CREATE-SIMPLEなどでのリスクアセスメントにより、労働者の呼吸域の濃度が、濃度基準値の2分の1を超えると推定される場合

⬇

技術上の指針に基づき確認測定を行う

〈確認測定の対象者の選定〉
- 8時間濃度基準値との比較：均等ばく露作業ごとに最低限2人
- 短時間濃度基準値との比較：均等ばく露作業ごとに最大ばく露労働者

※ばく露時間が短すぎると必要なデータが集まらないことがある

法令遵守のためのチェックリスト

新たな化学物質規制（リスクアセスメント対象物取扱い事業場向け）

分野	関係条項	項目	質問	✓
化学物質管理体系の見直し	令別表9	ラベル表示・SDS等による通知の義務対象物質	ラベル表示や安全データシート（SDS）等による通知、リスクアセスメントの実施をしなければならない化学物質（リスクアセスメント対象物）が、「国によるGHS分類で危険性・有害性が確認された全ての物質」へと拡大することを知っていますか？	
	則577の2、577の3	リスクアセスメント対象物に関する事業者の責務	リスクアセスメント対象物について、労働者のばく露が最低限となるように措置を講じていますか？	
			濃度基準値設定物質について、労働者がばく露される程度を基準値以下としていますか？	
			措置内容やばく露について、労働者の意見を聴いて記録を作成し、保存していますか？（保存期間はがん原性物質が30年、その他は3年）	
			リスクアセスメント対象物以外の物質もばく露を最小限に抑える努力をしていますか？	
	則594の2、594の3	皮膚等障害化学物質等への直接接触の防止	皮膚への刺激性・腐食性・皮膚吸収による健康影響のおそれのあることが明らかな物質の製造・取り扱いに際して、労働者に保護具を着用させていますか？	
			上記以外の物質の製造・取り扱いに際しても、労働者に皮膚障害等防止用の保護具を着用させるよう努力していますか？（明らかに健康障害を起こすおそれがない物質は除く）	
	則22	衛生委員会の付議事項	衛生委員会で、自律的な管理の実施状況の調査審議を行っていますか？	
	則97の2	がん等の把握強化	化学物質を扱う事業場で、1年以内に2人以上の労働者が同種のがんに罹患したことを把握したときは、業務起因性について、医師の意見を聴いていますか？	
			上記の場合で、医師に意見を聴いて業務起因性が疑われた場合は、都道府県労働局長に報告していますか？	
	則34の2の8	リスクアセスメント結果等の記録	リスクアセスメントの結果及びリスク低減措置の内容等について記録を作成し、保存していますか？（最低3年、もしくは次のリスクアセスメンが3年先以降であれば次のリスクアセスメント実施まで）	
	則34の2の10	労働災害発生事業場等への指示	労災を発生させた事業場等で労働基準監督署長から改善指示を受けた場合に、改善措置計画を労基署長に提出、実施する必要があることを知っていますか？	
	則577の2 ③〜⑤、⑧、⑨	健康診断等	リスクアセスメントの結果に基づき、必要があると認める場合は、リスクアセスメント対象物に係る医師又は歯科医師による健康診断を実施し、その記録を保存していますか？（保存期間はがん原性物質が30年、その他は5年）	
			濃度基準値を超えてばく露したおそれがある場合は、速やかに医師又は歯科医師による健康診断を実施し、その記録を保存していますか？（保存期間はがん原性物質が30年、その他は5年）	
実施体制の確立	則12の5	化学物質管理者	化学物質管理者を選任していますか？	
	則12の6	保護具着用管理責任者	（労働者に保護具を使用させる場合）保護具着用管理責任者を選任していますか？	
	則35	雇入れ時教育	雇入れ時等の教育で、取り扱う化学物質に関する危険有害性の教育を実施していますか？	

分野	関係条項	項目	質問	✓
情報伝達の強化	則24の15①,③、34の2の3	SDS通知方法の柔軟化	SDS情報の通知手段として、ホームページのアドレスや二次元コード等が認められるようになったことを知っていますか？	
情報伝達の強化	則24の15②,③、34の2、34の5②,③	「人体に及ぼす作用」の確認・更新	5年以内ごとに1回、SDSの変更が必要かを確認し、変更が必要な場合には、1年以内に更新して顧客などに通知されることを知っていますか？	
情報伝達の強化	則24の15①、34の2の4、34の2の6	SDS通知事項の追加等	SDS記載事項に、「想定される用途及び当該用途における使用上の注意」を記載していますか？	
情報伝達の強化			SDSには、成分の含有量を10％刻みではなく、重量％で記載してありますか？ ※含有量に幅があるものは、濃度範囲による表記も可。	
情報伝達の強化	則33の2	別容器等での保管	リスクアセスメント対象物を他の容器に移し替えて保管する際に、ラベル表示や文書の交付等により、内容物の名称や危険性・有害性情報を伝達していますか？	
その他	特化、有機、鉛、粉じん	個別規則の適用除外	労働局長から管理が良好と認められた事業場は、特別規則の適用物質の管理を自律的な管理とすることができることを知っていますか？	
その他	特化、有機、鉛、粉じん	作業環境測定結果が第三管理区分の事業場	左記の区分に該当した場合に、外部の専門家に改善方策の意見を聴き、必要な改善措置を講じていますか？	
その他			措置を実施しても区分が変わらない場合や、個人サンプリング測定やその結果に応じた保護具の使用等を行ったうえで、労働基準監督署に届け出ていますか？	
その他	特化、有機、鉛、四アルキル	特殊健康診断	作業環境測定の結果等に基づいて、特殊健康診断の頻度が緩和されることを知っていますか？	

令：労働安全衛生法施行令、則：労働安全衛生規則、特化：特定化学物質障害予防規則、有機：有機溶剤中毒予防規則、鉛：鉛中毒予防規則、粉じん：粉じん障害防止規則、四アルキル：四アルキル鉛中毒予防規則

（資料：厚生労働省リーフレットより）

これだけは押さえておきたい！用語集

化学物質管理者	リスクアセスメント対象物を製造、取扱いまたは譲渡提供する事業場ごとに選任が必要（安衛則第12条の5）。なお、溶剤をブレンドしてラベルを付して販売する事業者は、「リスクアセスメント対象物を製造する事業場」に該当する。
保護具着用管理責任者	化学物質管理者を選任した事業場で、保護具によりばく露防止をする場合は、選任が必要（安衛則第12条の6）。呼吸用保護具だけでなく、保護衣、保護手袋、保護眼鏡などの使用も該当する。
化学物質管理専門家	事業場の内外で化学物質管理を支援する高度な専門家。労働基準監督署長の改善指示（安衛則第34条の2の10）を受けた事業場に助言をしたり、作業環境が良好な事業場が特別則に基づく工学的措置の適用除外の認定（特化則第2条の3など）を受けたりする際に関与する。
リスクアセスメント対象物	製造、取扱いにおいてリスクアセスメントが義務付けられている対象化学物質。譲渡提供者がSDSを交付しなければならない対象物質と同じ。リスクアセスメント対象物は、令和7年3月までは896物質、令和7年4月1日からは1,537物質と多い。業務用洗剤なども含まれることに注意。
濃度基準値	屋内作業場において、労働者のばく露の程度が超えてはいけない法定上限濃度。リスクアセスメント対象物のうち、令和7年9月までは67物質、令和7年10月1日からは179物質に対し適用される（安衛則第577条の2第2項）。
皮膚等障害化学物質等	皮膚や眼（皮膚等という。）への直接接触により障害を与えたり、皮膚から吸収・侵入して健康障害を生ずる化学物質とその混合物（化学物質等）。不浸透性の保護手袋等の使用を義務付け（安衛則第594条の2）。
がん原性物質	がん原性がある物として、特化則の特別管理物質と同様に、作業記録等の30年保存などの義務が課される物質（安衛則第577条の2第11項）。令和6年4月現在、198物質ある。
リスクアセスメント対象物健康診断	リスクアセスメント対象物（特別則対象を除く）を製造または取り扱う業務に常時従事する労働者に対し、必要に応じて行う健康診断。特別則に基づく特殊健康診断と異なり、一律の義務付けではない（安衛則第577条の2第3項、第4項）。

執 筆 中央労働災害防止協会　労働衛生調査分析センター

これだけは押さえておきたい！
化学物質管理のポイント

令和7年2月10日　第1版第1刷発行

編　　者　　中央労働災害防止協会
発　行　者　　平山　剛
発　行　所　　中央労働災害防止協会
〒108-0023　東京都港区芝浦3丁目17番12号　吾妻ビル9階
販売／TEL:03-3452-6401
編集／TEL:03-3452-6209
ホームページ　https://www.jisha.or.jp
印　　　刷　　新日本印刷株式会社
デザイン・イラスト　株式会社 アルファクリエイト
ⒸJISHA 2025　21639-0101
定価：440円（本体400円＋税10%）
ISBN978-4-8059-2195-1　C3043　¥400E

 本書の内容は著作権法によって保護されています。
本書の全部または一部を複写（コピー）、複製、転載
すること（電子媒体への加工含む）を禁じます。